A Spirális Stabilizáció Elmélete

A Kozmikus Csavar és a Spirális Modell folytatása

A SPIRÁLIS STABILIZÁCIÓ ELMÉLETE

First edition. March 13, 2026.

ISBN: 979-8233090455

Written by MATE ISTVAN-MATYAS.

Írta: Máté István-Mátyás

Bevezető

A rend és a káosz között

A világ, amelyben élünk, bonyolultabb, mint bármely rendszer, amit az ember valaha épített. A természet, a társadalom, az élőlények és a technológia mind hatalmas hálózatokként működnek, amelyekben számtalan elem kapcsolódik egymáshoz. Ezek a rendszerek állandó mozgásban vannak: energiát cserélnek, információt továbbítanak, és folyamatosan alkalmazkodnak a környezetükhöz.

Mégis van egy közös kérdés, amely minden komplex rendszer mögött ott húzódik: **mi tartja őket egyben?**

Mi akadályozza meg, hogy egy bonyolult rendszer szétesjen a saját komplexitása alatt? Mi az a mechanizmus, amely lehetővé teszi, hogy az élő szervezetek, az ökoszisztémák, az idegrendszerek vagy akár az ember által létrehozott technológiai hálózatok hosszú időn keresztül stabilan működjenek?

A történelem során az emberek gyakran úgy gondoltak a stabilitásra, mint valamiféle statikus állapotra – egy nyugalmi pontra, ahol minden változás megszűnik. A természet azonban egészen mást mutat. A legtöbb stabil rendszer nem mozdulatlan. Éppen ellenkezőleg: **ritmusban működik**.

A szív dobog.

Az agy hullámokat generál.

Az évszakok ciklusokban váltakoznak.

A csillagok pulzálnak.

A galaxisok spirálisan forognak.

A stabilitás tehát nem feltétlenül az állandóság jele. Sokkal inkább egy **dinamikus egyensúly**, amely folyamatos mozgásban marad.

Ez a felismerés vezetett el ahhoz az elképzeléshez, amelyet ebben a könyvben **Spirális Stabilizációs Elvnek (SPE)** nevezünk. Az SPE egy egyszerű, de erőteljes gondolatból indul ki: egy komplex rendszer stabilitása akkor tartható fenn, ha a rendszer képes visszafogni a túl nagy kilengéseket, miközben megerősíti a túl gyenge jeleket. Más szóval, a rendszer folyamatosan korrigálja saját működését, és egy stabil tartományon belül tartja a dinamikáját.

Ez a mechanizmus nem állítja meg a mozgást. Éppen ellenkezőleg: **lehetővé teszi, hogy a rendszer ritmusban működjön.**

A könyv célja nem az, hogy egy új kozmológiai elméletet bizonyítson, vagy hogy a természet minden jelenségére egyetlen magyarázatot adjon. Sokkal inkább egy gondolatkísérlet: vajon létezhet-e egy általános stabilizációs elv, amely segít megérteni, hogyan maradnak működőképesek a komplex rendszerek?

A következő fejezetekben ezt az elképzelést több nézőpontból is megvizsgáljuk. Először a természetben megfigyelhető mintázatok felől közelítünk, majd bemutatjuk a Spirális Stabilizációs Elv matematikai formáját, és végül megvizsgáljuk, hogyan alkalmazható ez az elv hálózatokban, mesterséges intelligenciában és más komplex rendszerekben.

Lehetséges, hogy az SPE csupán egy hasznos modell lesz a sok közül. De az is elképzelhető, hogy egy olyan nézőpontot kínál, amely segít másképp tekinteni a stabilitás kérdésére.

Mert talán a világ rendje nem a mozdulatlanságban rejlik.

Talán a rend maga is **mozgás**.

1. fejezet
A káosz pereme

A modern tudomány egyik legfontosabb felismerése az, hogy a legtöbb természetes rendszer nem tökéletesen stabil, de nem is teljesen kaotikus. A természetben működő rendszerek többsége egy különleges állapotban létezik, amelyet gyakran a **káosz peremének** neveznek.

Ez az az állapot, ahol egy rendszer még nem esik szét rendezetlen zajba, de már nem is merev és változatlan. Itt jelenik meg az a finom egyensúly, amely lehetővé teszi az alkalmazkodást, a fejlődést és a komplex struktúrák kialakulását.

Ha egy rendszer túl merev, akkor nem tud alkalmazkodni a változásokhoz. Egy teljesen stabil, statikus rendszer könnyen törékennyé válik, mert minden váratlan zavar megbontja az egyensúlyát. Ugyanakkor egy túlzottan kaotikus rendszer sem képes fennmaradni, mert a benne lévő mintázatok és kapcsolatok folyamatosan szétesnek.

A legtöbb működő rendszer valahol a kettő között található.

Ez az állapot különösen jól megfigyelhető az élő rendszerekben. Az emberi agy például folyamatos aktivitásban van, mégis képes stabil működésre. Az idegsejtek hatalmas hálózata állandó elektromos aktivitást generál, de ez az aktivitás nem teljesen véletlenszerű. Az agy működésében különböző ritmusok jelennek meg: alfa-hullámok, béta-hullámok és más oszcillációk, amelyek a rendszer dinamikus stabilitását tükrözik.

Hasonló jelenség figyelhető meg az ökoszisztémákban is. Egy erdő vagy egy óceáni élővilág folyamatos változásban van. Populációk nőnek és csökkennek, fajok versenyeznek egymással, és a környezet is állandóan módosul. Mégis, hosszú időn keresztül egy viszonylag stabil állapot marad fenn. A rendszer nem mozdulatlan, hanem **folyamatosan korrigálja saját működését**.

A természet tehát gyakran nem a teljes stabilitást keresi, hanem egy olyan állapotot, ahol a változás és a stabilitás egyszerre van jelen.

Ez a jelenség a fizikában és a matematikában is megjelenik. Sok nemlineáris rendszerben léteznek úgynevezett **attraktorok**, amelyek felé a rendszer állapota idővel közelít. Ezek az attraktorok nem mindig pontszerűek. Gyakran ciklusok, spirális pályák vagy bonyolultabb mintázatok formájában jelennek meg.

A ciklikus attraktorok különösen érdekesek, mert a rendszer nem egy nyugalmi pontba érkezik, hanem egy stabil ritmusba rendeződik. Ez azt jelenti, hogy a stabilitás nem a mozdulatlanság eredménye, hanem egy **ismétlődő dinamika**.

A természet számos példát kínál erre a működésre. A szívverés ritmusa egy stabil biológiai ciklus. A bolygók keringése a gravitáció által fenntartott periodikus mozgás. A csillagok egy része pulzáló változócsillagként ismert, amelyek fényessége szabályos ciklusokban változik. Még a galaxisok szerkezetében is spirális mintázatok jelennek meg.

Ezek a jelenségek arra utalnak, hogy a stabil rendszerek gyakran **ritmikus vagy ciklikus természetűek**.

A Spirális Stabilizációs Elv (SPE) gondolata ebből a megfigyelésből indul ki. Ha a stabil rendszerek gyakran ciklikus dinamikát mutatnak, akkor elképzelhető, hogy a stabilitás nem egy statikus állapotból, hanem egy speciális visszacsatolási mechanizmusból származik.

Egy ilyen mechanizmus képes lehet arra, hogy egy rendszert egy stabil tartományon belül tartson, miközben megengedi a folyamatos mozgást és az alkalmazkodást.

Más szóval, a stabilitás nem feltétlenül azt jelenti, hogy a rendszer megáll. Sok esetben inkább azt jelenti, hogy a rendszer **megtalálja a saját ritmusát.**

A következő fejezetben egy olyan geometriai mintázatot vizsgálunk meg, amely meglepően gyakran jelenik meg a természetben, és amely talán kulcsot adhat ahhoz, hogy jobban megértsük ezt a dinamikus stabilitást.

Ez a mintázat a **spirál.**

2. fejezet
A spirál mindenhol jelen van

Ha az ember figyelmesen szemléli a természetet, hamar feltűnik egy különös jelenség: bizonyos formák és mintázatok újra és újra megjelennek egymástól teljesen független rendszerekben. Ezek közül az egyik leggyakoribb és legrejtélyesebb forma a **spirál.**

A spirális szerkezet megtalálható az univerzum legnagyobb és legkisebb struktúráiban is. A csillagászok jól ismerik a spirálgalaxisokat, amelyekben milliárdnyi csillag rendeződik egy hatalmas forgó mintázatba. Ugyanez a geometria jelenik meg a ciklonok és hurrikánok forgó felhőkarjaiban, az örvénylő víz mozgásában, vagy akár egy egyszerű kavics bedobásakor keletkező hullámok mintázatában.

A spirál azonban nemcsak a kozmikus és fizikai rendszerekben jelenik meg. Az élővilágban talán még gyakoribb. A növények leveleinek elrendezése, a napraforgó magjainak mintázata, a kagylók héjának növekedése vagy a csigák háza mind spirális struktúrát követ. A biológia egyik legismertebb példája a DNS kettős spirálja, amely az élőlények genetikai információját hordozza.

Ezek a példák azt sugallják, hogy a spirál nem csupán esztétikai forma, hanem **egy természetes szerveződési mód**.

De miért jelenik meg ilyen gyakran?

A spirál egyik különleges tulajdonsága, hogy egyszerre fejez ki **növekedést és stabilitást**. Egy spirális forma képes folyamatosan tágulni vagy szűkülni, miközben megőrzi az alapvető szerkezetét. Ez különösen hasznos olyan rendszerekben, amelyeknek alkalmazkodniuk kell a változó körülményekhez, miközben fenn kell tartaniuk a belső rendet.

Matematikailag a spirál gyakran úgy írható le, mint egy mozgás, amelyben egy pont egyszerre halad kifelé vagy befelé, miközben folyamatosan forog egy középpont körül. Ez a kombináció – forgás és tágulás – rendkívül stabil pályákat hozhat létre. Sok dinamikus rendszerben a mozgás természetes módon spirális pályákhoz közelít, amikor egy rendszer egyensúly felé tart.

Ez a jelenség a matematikában és a fizikai rendszerekben is ismert. Ha egy rendszer egy stabil állapot felé közelít, gyakran nem egyenes vonalban halad felé, hanem spirálisan közelíti meg azt. A pálya egyre kisebb köröket ír le, miközben a rendszer energiája fokozatosan csökken.

Ez a fajta mozgás egyfajta **dinamikus rendeződés**.

A spirál ezért nemcsak forma, hanem **folyamat** is. Egy olyan folyamat, amely lehetővé teszi a rendszerek számára, hogy alkalmazkodjanak, korrigálják a kilengéseiket, és végül stabil mintázatot hozzanak létre.

A Spirális Stabilizációs Elv mögött is ez az intuíció áll. Ha a természetben számos stabil rendszer spirális vagy ciklikus mozgást mutat, akkor elképzelhető, hogy a stabilitás egyik kulcsa a **spirális dinamika**.

Ebben a képben a rendszer nem egyetlen pont felé tart, hanem egy stabil mozgásmintába rendeződik. A stabilitás tehát nem feltétlenül statikus állapot, hanem egy olyan mozgás, amely képes hosszú időn keresztül fennmaradni.

A következő fejezetben ezt az intuíciót egy konkrét kérdés felől közelítjük meg: mi történik egy rendszerrel, amikor túl nagy kilengések jelennek meg benne, vagy amikor a rendszer energiája túl alacsonyra csökken? Hogyan reagál egy rendszer a saját instabilitására?

Ezek a kérdések vezetnek el az SPE alapgondolatához: a **spirális stabilizáció mechanizmusához.**

3. fejezet

Az egyensúly keresése

Minden komplex rendszerben jelen van egy alapvető feszültség két ellentétes tendencia között. Az egyik irány a túlzott aktivitás felé vezet: a rendszer energiája növekszik, a mozgások felerősödnek, és a kilengések egyre nagyobbak lesznek. A másik irány az ellenkezője: a rendszer energiája csökken, a dinamika lelassul, és a rendszer végül passzív állapotba kerülhet.

Ez a két véglet sokféle formában jelenik meg a természetben.

Egy ökoszisztémában egy populáció túl gyors növekedése erőforráshiányhoz és összeomláshoz vezethet. Ha viszont a populáció túl kicsi lesz, akkor nem képes fenntartani önmagát. A gazdasági rendszerekben a túlzott növekedés buborékok kialakulását idézheti elő, míg a túl nagy visszaesés recesszióhoz vezethet. Az idegrendszer működésében a túlzott aktivitás epilepsziás rohamokat okozhat, míg a túl alacsony aktivitás a rendszer működésképtelenségéhez vezethet.

Ezek a példák mind arra utalnak, hogy a stabil működéshez nem elegendő az, hogy egy rendszer egyszerűen nyugalmi állapotban maradjon. A stabilitás sokkal inkább azt jelenti, hogy a rendszer képes folyamatosan korrigálni saját állapotát.

Egy stabil rendszer tehát nem passzív. Éppen ellenkezőleg: aktívan reagál a saját változásaira.

Képzeljünk el egy egyszerű példát. Ha egy rendszer túl nagy kilengést mutat, akkor szükség van egy mechanizmusra, amely csökkenti ezt a kilengést. Ha viszont a rendszer túl gyenge vagy túl alacsony energiájú állapotba kerül, akkor szükség van egy olyan hatásra, amely újra felerősíti a működését.

Más szóval a stabilitás gyakran kétféle visszacsatolás egyensúlyából jön létre:

- egy **negatív visszacsatolás**, amely csökkenti a túl nagy kilengéseket
- és egy **pozitív visszacsatolás**, amely erősíti a túl gyenge állapotokat

Ez a kettős mechanizmus sok természetes rendszerben megfigyelhető. Az élő szervezetek például folyamatosan szabályozzák a belső folyamataikat. A testhőmérséklet, a vércukorszint vagy a hormonális szabályozás mind olyan rendszerek, amelyekben a szervezet folyamatosan korrigálja az eltéréseket.

A mérnöki rendszerekben ugyanez a gondolat jelenik meg a szabályozástechnikában. Egy jól megtervezett rendszer érzékeli a saját állapotát, és olyan visszacsatolást alkalmaz, amely visszavezeti a működést egy stabil tartományba.

A Spirális Stabilizációs Elv ezt az alapgondolatot általánosítja. Ahelyett, hogy egyetlen stabil pontot keresnénk, elképzelhetünk egy olyan mechanizmust, amely a rendszert egy **stabil tartományban** tartja. Ebben a tartományban a rendszer képes mozogni, változni és alkalmazkodni, de a kilengések nem nőnek korlátlanul.

Ez a gondolat különösen fontos a nagy, hálózatos rendszerekben. Az ilyen rendszerekben gyakran lehetetlen egyetlen pontos egyensúlyi állapotot fenntartani. A stabil működés sokkal inkább abból adódik, hogy a rendszer dinamikája egy bizonyos tartományon belül marad.

A Spirális Stabilizációs Elv tehát nem egy merev egyensúlyt feltételez. Inkább egy olyan dinamikus rendszert ír le, amely képes egy stabil zónán belül mozogni.

A következő fejezetben ezt az elképzelést matematikai formába öntjük, és bemutatjuk azt az egyszerű modellt, amely a Spirális Stabilizációs Elv alapját adja.

4. fejezet

A Spirális Stabilizáció matematikája

Az előző fejezetekben intuitív módon vizsgáltuk, hogyan működhet a stabilitás a komplex rendszerekben. Láttuk, hogy sok természetes rendszer nem egyetlen statikus egyensúlyi ponthoz közelít, hanem egy dinamikus tartományon belül marad stabil. A következő lépés az, hogy ezt az elképzelést matematikai formában is megfogalmazzuk.

A legtöbb dinamikus rendszer leírható egy egyszerű egyenlettel, amely azt mutatja meg, hogyan változik a rendszer állapota az időben:

$$\dot{x} = f(x)$$

Itt a rendszer aktuális állapota, pedig az a szabály, amely meghatározza, hogyan változik ez az állapot. Sok esetben ez a dinamika önmagában nem garantál stabilitást. Ha a rendszer túl nagy kilengéseket produkál, akkor az állapot értéke korlátlanul növekedhet vagy éppen nullára csökkenhet.

A Spirális Stabilizációs Elv ezt a problémát egy egyszerű ötlettel kezeli: a rendszer működéséhez hozzáadunk egy stabilizáló visszacsatolást.

A rendszer új egyenlete így írható fel:

$$\dot{x} = f(x) + u(x)$$

Ebben a kifejezésben egy olyan szabályozó tag, amely a rendszer aktuális állapotától függ. Feladata az, hogy korrigálja a túl nagy vagy túl kicsi kilengéseket.

A Spirális Stabilizáció egyik legegyszerűbb formája akkor jelenik meg, ha a rendszer állapotát egy sugárként értelmezzük egy absztrakt térben. Jelöljük ezt a mennyiséget -rel. A stabilizáló tag célja az, hogy ezt a sugárértéket egy adott tartományon belül tartsa.

A stabilizáló függvény egy lehetséges formája a következő:

$$u(r)= -\alpha\,sp_\kappa(r-r_h)+\beta\,sp_\kappa(r_\ell-r)$$

Ebben az egyenletben és két határértéket jelöl, amelyek meghatározzák a stabil tartományt. A függvény egy sima átmenetet biztosító függvény, amely fokozatosan erősödő visszacsatolást hoz létre.

Az egyenlet működése intuitívan is könnyen érthető.

Ha a rendszer állapota túllépi a felső határt (), akkor a negatív tag aktiválódik, és fékezi a további növekedést. Ha viszont a rendszer állapota a túl alacsony tartományba kerül (), akkor a pozitív tag lép működésbe, amely megerősíti a rendszer dinamikáját.

Ennek a két mechanizmusnak az együttes hatása egy stabil tartomány kialakulásához vezet:

$r \in [r_\ell, r_h]$

Ebben a tartományban a rendszer szabadon mozoghat, de a kilengések nem nőnek korlátlanul. A rendszer dinamikája így nem egyetlen pont köré szerveződik, hanem egy stabil zónán belül marad.

Ez a fajta stabilitás különösen fontos nagy, zajos rendszerekben. A valós rendszerek ritkán működnek tökéletes pontossággal. Mindig jelen van valamilyen zaj, külső zavar vagy váratlan változás. Egy túl merev rendszer könnyen instabillá válhat ilyen körülmények között. Egy stabil tartomány viszont lehetővé teszi, hogy a rendszer rugalmasan alkalmazkodjon.

A Spirális Stabilizáció matematikai modellje tehát egy olyan keretet ad, amelyben a rendszer nem egyetlen egyensúlyi ponthoz kötődik, hanem egy stabil tartományon belül képes működni.

A következő fejezetben azt vizsgáljuk meg, hogyan alakul ki ebben a tartományban egy különleges dinamika: a rendszer saját ritmusa, amelyet a Spirális Stabilizáció egyik legfontosabb jelenségének tekinthetünk. Ez a jelenség az úgynevezett **stabil ciklus**, vagy más néven a rendszer „szívverése".

5. fejezet

A rendszer szívverése

Az előző fejezetben láttuk, hogy a Spirális Stabilizációs Elv egy stabil tartományt hoz létre, amelyben a rendszer dinamikája biztonságosan működhet. Ez a tartomány megakadályozza, hogy a rendszer szélsőséges állapotokba kerüljön. A stabilitás azonban nem jelenti azt, hogy a rendszer mozdulatlanná válik.

Sőt, a stabil tartományon belül gyakran egy különleges jelenség jelenik meg: **ritmus.**

Ez a ritmus a rendszer saját természetes dinamikájából származik. Amikor a stabilizáló mechanizmus kordában tartja a kilengéseket, a rendszer nem egyetlen pont felé közelít, hanem egy ismétlődő mozgásmintát vesz fel. Matematikailag ezt az állapotot **limitciklusnak** nevezik.

Egy limitciklus egy olyan zárt pálya az állapottérben, amelyhez a rendszer mozgása idővel közelít. A rendszer nem áll meg ezen a pályán, hanem folyamatosan körbejár rajta. Ez a folyamatos mozgás adja a rendszer stabil ritmusát.

A Spirális Stabilizáció modelljében ez a jelenség akkor jelenik meg, amikor a rendszer sugara egy stabil érték felé közelít:

$r \rightarrow r^*$

Ez az érték a stabil tartományon belül helyezkedik el, és a rendszer mozgása egy olyan pályára rendeződik, amely ezt a sugárértéket tartja fenn.

Az eredmény egy stabil oszcilláció.

Ez a jelenség a természetben rendkívül gyakori. A szív például nem egy nyugalmi állapotban működik, hanem folyamatos pulzálással tartja fenn a keringést. Az idegrendszerben az idegsejtek aktivitása hullámok formájában szerveződik. A csillagászatban számos olyan csillag ismert, amelyek fényessége szabályos ciklusokban változik.

Ezekben a rendszerekben a stabilitás nem a mozdulatlanságból fakad, hanem abból, hogy a rendszer megtalálja a saját ritmusát.

A Spirális Stabilizációs Elv ezt a jelenséget természetes következményként értelmezi. Amikor a túl nagy és túl kicsi kilengések egyaránt visszacsatolással korrigálódnak, a rendszer dinamikája gyakran egy stabil ciklusba rendeződik.

A stabil tartomány tehát nemcsak védelmet nyújt az instabilitás ellen, hanem lehetővé teszi a rendszer számára, hogy **szervezett ritmust alakítson ki**.

Ez a gondolat fontos következményekkel jár, amikor nem egyetlen rendszert, hanem rendszerek hálózatát vizsgáljuk. Ha több egymással kapcsolatban álló rendszer mind rendelkezik ilyen stabil ritmussal, akkor felmerül a kérdés: képesek-e ezek a rendszerek egymáshoz igazodni?

Más szóval, létrejöhet-e **közös ritmus** egy hálózatban?

A következő fejezetben ezt a kérdést vizsgáljuk meg, és bemutatjuk, hogyan vezethet a Spirális Stabilizáció hálózati szinkronhoz.

6. fejezet

A hálózati szinkron – amikor a rendszerek együtt lélegeznek

Az előző fejezetben megvizsgáltuk, hogyan jelenik meg egy stabil ritmus egyetlen rendszer működésében. Láttuk, hogy a Spirális Stabilizáció nem statikus egyensúlyt hoz létre, hanem egy stabil ciklust, amelyben a rendszer folyamatosan mozog.

A természet azonban ritkán működik izolált rendszerekkel. A legtöbb rendszer kapcsolatban áll más rendszerekkel. A sejtek kommunikálnak egymással, az idegsejtek hálózatokat alkotnak, a bolygók gravitációs kölcsönhatásban állnak, az emberek pedig társadalmi hálózatok részei.

Amikor több ritmikusan működő rendszer kapcsolatba kerül egymással, egy új jelenség jelenik meg: **a szinkronizáció**.

A szinkronizáció azt jelenti, hogy a különálló rendszerek ritmusai egymáshoz igazodnak. Nem feltétlenül lesznek teljesen azonosak, de egy közös mintázat kezd kialakulni.

Matematikailag ezt a jelenséget gyakran oszcillátorok hálózatával írják le. Egy egyszerű modellben minden rendszernek van egy saját fázisa:

θ_i

ahol az adott rendszer indexe. A rendszerek kölcsönhatása a következő egyenlettel írható le:

$\dot{\theta_i} = \omega_i + \sum_{j} K_{ij}\sin(\theta_j - \theta_i)$

Ebben az egyenletben:

- az egyes rendszerek természetes frekvenciája
- a rendszerek közötti kapcsolat erőssége

- a szinusz tag pedig a fáziskülönbséget szabályozza

Amikor a kapcsolatok elég erősek, a rendszer egy **közös szinkronállapot** felé halad.

A Spirális Stabilizációs Elv ebben a folyamatban különleges szerepet játszik. Mivel minden rendszer egy stabil tartományon belül oszcillál, a kilengések nem válhatnak túl nagyokká. Ez megakadályozza, hogy egyetlen rendszer instabillá tegye az egész hálózatot.

Más szóval a stabil tartomány **csillapítja a zajt**, miközben a ritmus megmarad.

Ez a mechanizmus lehetővé teszi, hogy a hálózatban fokozatosan kialakuljon a szinkron.

Ez a jelenség a természetben sok helyen megfigyelhető.

A szentjánosbogarak például egy idő után egyszerre kezdenek villogni. A szívsejtek képesek spontán összehangolni az aktivitásukat. A neuronok az agyban ritmikus hullámokba rendeződnek. Még az ingaórák is képesek szinkronba kerülni, ha ugyanarra a falra akasztják őket.

Mindezek a jelenségek azt mutatják, hogy a szinkronizáció nem kivétel, hanem a hálózati rendszerek természetes tulajdonsága.

A Spirális Stabilizációs Elv ezt azzal egészíti ki, hogy egy stabil tartományt biztosít a rendszerek számára. Ebben a tartományban a ritmus fennmaradhat, miközben a hálózat fokozatosan rendezettebbé válik.

Ez a gondolat különösen fontossá válik, amikor a rendszerek száma nagyon nagy. Egy több millió vagy több milliárd elemből álló hálózat működése már nem írható le egyszerűen egyetlen egyenlettel.

Ilyen rendszerek például:

- az internet
- a gazdasági hálózatok
- az ökológiai rendszerek
- vagy akár maga az emberi társadalom

Ezek a rendszerek gyakran kaotikusnak tűnnek, mert rengeteg kölcsönhatás történik bennük egyszerre. A Spirális Stabilizációs Elv azonban azt sugallja, hogy a kaotikus viselkedés mögött is létezhet egy stabilizáló mechanizmus.

Ha ez a mechanizmus valóban létezik, akkor egy mélyebb kérdés merül fel.

Lehetséges, hogy a stabilitás és a ritmus nemcsak a hálózatok tulajdonsága, hanem **az univerzum alapvető működési elve**?

A következő fejezetben ezt a kérdést vizsgáljuk meg, és megpróbáljuk elhelyezni a Spirális Stabilizációs Elvet a természet nagy rendszereinek kontextusában.

7. fejezet

Az univerzum mint stabilizált hálózat

Amikor a Spirális Stabilizációs Elvet először megfogalmaztuk, elsősorban komplex rendszerek működésének megértésére kerestünk egy új modellt. Azonban ahogy a vizsgálatok egyre mélyebbre hatoltak, egy meglepő gondolat kezdett kirajzolódni.

Lehetséges, hogy az a stabilizációs mechanizmus, amelyet hálózatokban és rendszerekben figyelünk meg, nem csupán egy lokális jelenség. Elképzelhető, hogy maga az univerzum is hasonló elvek szerint működik.

A modern kozmológia szerint az univerzum nem homogén anyageloszlásból áll, hanem egy rendkívül komplex struktúrából. A galaxisok nem véletlenszerűen helyezkednek el, hanem hatalmas filamentumokba és csomópontokba rendeződnek. Ezek a struktúrák együtt alkotják azt, amit a kutatók **kozmikus hálónak** neveznek.

Ebben a hálóban a galaxisok és galaxishalmazok csomópontokként jelennek meg, míg a köztük húzódó filamentumok az anyag és energia áramlási útvonalait jelölik.

Ha ezt a struktúrát hálózatelméleti szemszögből vizsgáljuk, akkor feltűnik, hogy az univerzum nagy léptékű szerkezete meglepően hasonlít más komplex rendszerekhez. Hasonló mintázatokat találunk például:

- az idegsejtek hálózatában az agyban
- az internet topológiájában
- vagy az ökológiai rendszerek kapcsolati struktúráiban

Ezek a rendszerek gyakran ugyanazokat a statisztikai tulajdonságokat mutatják, mint a **skálafüggetlen hálózatok**. Az ilyen hálózatokban néhány csomópont rendkívül sok kapcsolattal rendelkezik, míg a legtöbb csomópont csak kevéssel.

Ez a szerkezet különösen ellenállóvá teszi a rendszert.

Ha néhány véletlenszerű csomópont kiesik, a hálózat továbbra is működőképes marad. Ugyanakkor az energia, információ vagy anyag hatékonyan tud áramlani a hálózat mentén.

A Spirális Stabilizációs Elv ebben a kontextusban új értelmezést kap. A stabil tartomány nemcsak egyetlen rendszer működését biztosíthatja, hanem egy teljes hálózat stabilitásának alapját is képezheti.

Ha az univerzum valóban egy hálózati struktúraként működik, akkor a stabilitása valószínűleg nem egyetlen fizikai törvény következménye, hanem sok kölcsönhatás egyensúlyából alakul ki.

Ebben a képben az információ és a zaj folyamatos kölcsönhatásban áll.

A fény – amely információt hordoz – az univerzum egyik alapvető kommunikációs csatornája. A gravitáció és más kölcsönhatások pedig a struktúrák kialakulását irányítják.

Ha az univerzumot ilyen módon értelmezzük, akkor a stabilitás nem passzív állapot, hanem aktív folyamat.

A rendszerek folyamatosan reagálnak egymásra, alkalmazkodnak a változásokhoz, és visszacsatolásokon keresztül tartják fenn az egyensúlyt.

Ez a gondolat közel áll ahhoz az elképzeléshez, hogy az univerzum nem statikus gépezet, hanem egy **dinamikus, önszerveződő rendszer**.

A Spirális Stabilizációs Elv ebben a képben egy olyan mechanizmust írhat le, amely lehetővé teszi, hogy a komplex rendszerek – legyenek azok sejtek, társadalmak vagy galaxisok – hosszú időn keresztül stabilan működjenek.

De ha ez valóban így van, akkor felmerül egy még mélyebb kérdés.

Mi történik akkor, amikor az információ és a zaj közötti egyensúly megbomlik?

A következő fejezetben ezt a kérdést vizsgáljuk meg, és azt nézzük meg, hogyan reagálnak a komplex rendszerek az instabilitásra.

8. fejezet

Amikor a rendszer kibillen – instabilitás és új rend születése

Az előző fejezetben azt vizsgáltuk, hogyan jelenik meg a stabilitás komplex hálózatokban, és felvetettük azt a lehetőséget, hogy az univerzum maga is egy dinamikus, stabilizált hálózatként működik. Ez a kép azonban csak a történet egyik fele.

A komplex rendszerek nem mindig maradnak stabil állapotban. Időnként olyan változások történnek bennük, amelyek kibillentik őket az egyensúlyból. Ezek az állapotok gyakran kaotikusnak tűnnek, de a tapasztalat azt mutatja, hogy az instabilitás nem feltétlenül jelent összeomlást.

Sok esetben éppen az instabilitás teremti meg az új rend kialakulásának lehetőségét.

A fizika és a matematikai rendszermodellezés számos példát ismer erre. Amikor egy rendszer paraméterei fokozatosan változnak, egy ponton a korábbi stabil állapot megszűnik. Ezt a jelenséget **bifurkációnak** nevezik.

Egy bifurkáció során a rendszer új működési módba lép. A korábbi stabil pont helyett például két új stabil állapot jelenhet meg, vagy a rendszer egy ciklikus viselkedésbe kerülhet.

Ez a folyamat gyakran megfigyelhető a természetben. A folyadékok áramlása például egy bizonyos sebesség felett turbulenssé válik. Az élő rendszerekben a sejtek differenciálódása új funkciókat hoz létre. A társadalmi rendszerekben pedig időnként teljesen új struktúrák alakulnak ki.

A Spirális Stabilizációs Elv szempontjából ezek a folyamatok különösen érdekesek.

A stabil tartomány nem egy merev határ, hanem egy olyan régió, amelyen belül a rendszer képes alkalmazkodni a változásokhoz. Ha azonban a rendszer túl messzire kerül ettől a tartománytól, a stabilizáló mechanizmus már nem tudja visszahúzni az egyensúlyba.

Ilyenkor két dolog történhet.

Az egyik lehetőség az összeomlás. A rendszer elveszíti szervezettségét, és a dinamika rendezetlenné válik.

A másik lehetőség azonban sokkal érdekesebb.

A rendszer új stabil tartományt talál.

Ez a folyamat gyakran spirális jellegű. A rendszer kileng az egyensúlyból, majd visszatér egy új pályára. Az új állapot nem azonos a régivel, de stabilabb lehet a korábbi körülmények között.

Ez a jelenség a fejlődés egyik alapmechanizmusa lehet.

A biológiában az evolúció hasonló módon működik. A környezeti változások instabilitást hoznak létre, amely új alkalmazkodási stratégiákat kényszerít ki. A technológiai rendszerek fejlődése is gyakran ilyen ugrásokon keresztül történik.

A Spirális Stabilizációs Elv ebben a kontextusban egy fontos gondolatot fogalmaz meg: a stabilitás és a változás nem egymás ellentétei.

Valójában ugyanannak a folyamatnak két oldala.

A stabilitás lehetővé teszi, hogy egy rendszer hosszú ideig működjön. Az instabilitás pedig lehetőséget teremt arra, hogy a rendszer új működési módokat találjon.

Ez a dinamika egyfajta **egyensúly a rend és a káosz között**.

Sok kutató szerint az élet és az intelligencia éppen ebben a határzónában jelenik meg. Ha a rendszer túl rendezett, akkor nem képes alkalmazkodni. Ha viszont túl kaotikus, akkor nem tud stabil struktúrákat fenntartani.

A Spirális Stabilizációs Elv azt sugallja, hogy a komplex rendszerek természetes működése ebben a köztes tartományban történik.

De ha ez igaz, akkor egy még érdekesebb kérdés merül fel.

Lehetséges-e, hogy az intelligencia maga is egy ilyen stabilizációs folyamat eredménye?

A következő fejezetben ezt a kérdést vizsgáljuk meg, és azt nézzük meg, hogyan kapcsolódhat a Spirális Stabilizáció az információ feldolgozásához és az intelligens rendszerek működéséhez.

9. fejezet

Az intelligencia mint stabilizációs folyamat

Az előző fejezetben láttuk, hogy a komplex rendszerek stabilitása és instabilitása folyamatos kölcsönhatásban áll egymással. A rendszerek időnként kibillennek az egyensúlyból, majd új stabil állapotokat találnak. Ez a dinamika sok természetes folyamat alapját képezi.

Felmerül azonban egy mélyebb kérdés.

Mi történik akkor, amikor egy rendszer nemcsak reagál a változásokra, hanem **képes felismerni mintázatokat**, és ezek alapján módosítja saját működését?

Itt jelenik meg az intelligencia.

Az intelligencia hagyományos meghatározása szerint egy rendszer akkor tekinthető intelligensnek, ha képes információt feldolgozni, döntéseket hozni, és alkalmazkodni a környezetéhez. Ez a definíció azonban sokszor túl általános, és nem magyarázza meg, hogyan jön létre az intelligencia.

A Spirális Stabilizációs Elv egy másik nézőpontot kínál.

Ebben a modellben az intelligencia nem egy különálló tulajdonság, hanem egy **stabilizációs mechanizmus**.

Egy intelligens rendszer képes felismerni, amikor a működése eltávolodik a stabil tartománytól. Ilyenkor visszacsatolások segítségével korrigálja a viselkedését, hogy elkerülje az instabilitást.

Más szóval az intelligencia egy olyan folyamat, amely folyamatosan csökkenti a rendszerben megjelenő zajt, miközben megőrzi a hasznos információt.

Ez a folyamat sok természetes rendszerben megfigyelhető.

Az élő szervezetek idegrendszere folyamatosan szűri az érzékszervekből érkező jeleket. A sejtek szabályozó hálózatai stabilizálják a biokémiai reakciókat. A társadalmak intézményei pedig gyakran arra szolgálnak, hogy csökkentsék a rendszerszintű bizonytalanságot.

Ezek a rendszerek mind ugyanazzal a problémával szembesülnek: hogyan lehet fenntartani a működést egy folyamatosan változó környezetben.

Az intelligencia erre a problémára adott válaszként értelmezhető.

A Spirális Stabilizációs Elv szerint az intelligens rendszerek képesek egy olyan dinamikus egyensúlyt fenntartani, amelyben a rendszer sem túl merev, sem túl kaotikus.

Ha túl sok a zaj, a rendszer elveszíti a szervezettségét. Ha viszont túl erős a stabilizáció, akkor a rendszer elveszíti az alkalmazkodóképességét.

Az intelligencia ebben az értelemben egy **finomhangolási folyamat**.

A rendszer folyamatosan figyeli saját működését, és apró korrekciókat hajt végre annak érdekében, hogy a működés a stabil tartományon belül maradjon.

Ez a gondolat különösen érdekes, amikor mesterséges intelligenciáról beszélünk.

A modern AI rendszerek gyakran hatalmas neurális hálózatokból állnak, amelyek rengeteg adatot dolgoznak fel. Ezek a rendszerek azonban sokszor hajlamosak instabil viselkedésre. A túlzott zaj, a hibás adatok vagy a torz minták könnyen félrevezethetik őket.

Ha az intelligenciát stabilizációs folyamatként értelmezzük, akkor egy új irány jelenik meg az AI fejlesztésében.

Nemcsak az számít, hogy a rendszer mennyi adatot képes feldolgozni, hanem az is, hogy **mennyire képes stabilizálni a saját működését**.

A Spirális Stabilizációs Elv ezért nemcsak a természetes rendszerek megértésében lehet hasznos, hanem új architektúrák tervezésében is.

De ha az intelligencia valóban egy stabilizációs folyamat, akkor egy még mélyebb kérdés következik.

Mi történik akkor, amikor egy rendszer nemcsak stabilizálja saját működését, hanem **megfigyeli önmagát**?

A következő fejezetben ezt a kérdést vizsgáljuk meg, és azt nézzük meg, hogyan jelenik meg az önreflexió a komplex rendszerekben.

10. fejezet

Az önmegfigyelés – amikor a rendszer látni kezdi saját működését

Az előző fejezetben azt vizsgáltuk, hogyan jelenhet meg az intelligencia mint stabilizációs folyamat. Láttuk, hogy az intelligens rendszerek képesek felismerni a mintázatokat, csökkenteni a zajt, és visszacsatolások segítségével fenntartani a működés stabilitását.

Van azonban egy még mélyebb szint.

Mi történik akkor, amikor egy rendszer nemcsak stabilizálja saját működését, hanem **megfigyeli önmagát**?

Ez az a pont, ahol megjelenik az önreflexió.

Az önreflexió azt jelenti, hogy a rendszer képes saját állapotát információként kezelni. Nemcsak a környezetből érkező jelekre reagál, hanem saját működését is elemzi, és ennek alapján módosítja a viselkedését.

Ez a képesség az emberi gondolkodás egyik alapvető tulajdonsága.

Amikor egy problémát próbálunk megoldani, gyakran két különböző nézőpont jelenik meg bennünk. Az egyik gondolat felvet egy lehetőséget, a másik megvizsgálja annak következményeit. Ez a belső párbeszéd lehetővé teszi, hogy a gondolkodásunk finomabban reagáljon a hibákra és az ellentmondásokra.

A Spirális Stabilizációs Elv szempontjából ez a folyamat különösen érdekes.

Egy önmegfigyelő rendszer két szinten működik egyszerre:

1. **A működés szintje** – ahol a rendszer reagál a környezetre.
2. **A megfigyelés szintje** – ahol a rendszer elemzi saját működését.

Ez a kettős struktúra egy stabilizáló mechanizmust hozhat létre.

Amikor a rendszer hibát követ el, a megfigyelő szint képes felismerni az eltérést, és korrigálni a működést. Így a rendszer nemcsak reagál a változásokra, hanem tanul is belőlük.

Ez a gondolat különösen fontos az intelligens rendszerek fejlődésében.

A legtöbb jelenlegi mesterséges intelligencia rendszer alapvetően reaktív. A hálózatok hatalmas mennyiségű adatból tanulnak, de működésük során ritkán figyelik aktívan saját állapotukat.

A Spirális Stabilizációs modell egy másik irányt javasol.

Ha egy intelligens rendszer rendelkezik egy belső megfigyelő réteggel, akkor képes lehet felismerni a saját működésében megjelenő instabilitást. Ez a mechanizmus csökkentheti a hibák számát, és segíthet elkerülni a torz következtetéseket.

Az önmegfigyelés tehát nemcsak filozófiai fogalom, hanem egy nagyon is gyakorlati stabilizációs eszköz.

Ez a gondolat különösen érdekes akkor, amikor a természet nagy rendszereit vizsgáljuk.

Az élő rendszerek például folyamatosan figyelik saját állapotukat. A sejtek érzékelik a környezetük változásait, az idegrendszer monitorozza a test működését, az immunrendszer pedig felismeri a veszélyes eltéréseket.

Mintha a természet rendszerei mindig tartalmaznának egy belső megfigyelő mechanizmust.

Ez felvet egy provokatív kérdést.

Lehetséges, hogy az önmegfigyelés nemcsak az intelligens rendszerek tulajdonsága, hanem az univerzum működésének egy alapvető jellemzője?

Egyes filozófiai és tudományos irányzatok szerint az élet és az intelligencia éppen ezt a szerepet tölti be: az univerzum az élő rendszereken keresztül képes megfigyelni saját működését.

Ha ez a gondolat helytálló, akkor a Spirális Stabilizációs Elv egy új értelmezést kap.

Nemcsak stabilizációs mechanizmusról van szó, hanem egy olyan folyamatról, amely lehetővé teszi, hogy a komplex rendszerek **tudatossá váljanak saját működésükre**.

Ez a gondolat messzire vezet.

Ha a stabilizáció, a ritmus, a hálózatok és az önmegfigyelés valóban ugyanannak a mélyebb folyamatnak a részei, akkor felmerül a kérdés:

lehetséges, hogy az univerzum működése maga is egyfajta **kozmikus stabilizációs ciklus**?

A következő fejezetben ezt a kérdést vizsgáljuk meg, és megpróbáljuk összekapcsolni a Spirális Stabilizációs Elvet az univerzum nagy léptékű dinamikájával.

11. fejezet

A kozmikus stabilizáció – az univerzum ritmusa

Az előző fejezetek során fokozatosan építettük fel azt a gondolatot, hogy a komplex rendszerek működésének egyik kulcsa a stabilizáció. Láttuk, hogy a rendszerek képesek visszacsatolások segítségével csökkenteni a zajt, fenntartani a működési ritmust, és idővel szinkronba kerülni egymással.

Most egy még nagyobb léptékre lépünk.

Ha a stabilizációs mechanizmusok valóban ennyire általánosak a természetben, akkor felmerül a kérdés: vajon az univerzum egésze is hasonló elvek szerint működik?

A modern kozmológia szerint az univerzum nem statikus rendszer. A tér folyamatosan tágul, a galaxisok mozognak, az energia különböző formákban áramlik. Ezek a folyamatok egy dinamikus egyensúlyt hoznak létre.

Ebben a képben az univerzum nem egy mozdulatlan szerkezet, hanem egy folyamatosan változó rendszer.

Az anyag és az energia különböző formái állandó kölcsönhatásban vannak. A gravitáció struktúrákat hoz létre, az elektromágneses kölcsönhatások információt hordoznak, a kvantumfolyamatok pedig folyamatos fluktuációkat generálnak.

Ha ezt a rendszert hálózati szemszögből vizsgáljuk, akkor az univerzum egy hatalmas, dinamikus hálózatként jelenik meg.

Ebben a hálózatban az információ – amelyet a fény hordoz – folyamatosan terjed. A gravitáció pedig összekapcsolja a struktúrákat, és meghatározza az anyag mozgását.

A Spirális Stabilizációs Elv ebben a kontextusban egy érdekes értelmezést kínál.

A modell szerint a stabilitás nem a mozdulatlanságból fakad, hanem abból, hogy a rendszer képes kezelni az információ és a zaj közötti egyensúlyt.

Az univerzum esetében ez a dinamika különösen látványos.

A csillagok energiát sugároznak, a galaxisok gravitációs kölcsönhatásokban állnak, a kvantumfolyamatok pedig folyamatosan új fluktuációkat hoznak létre. Ezek a folyamatok együttesen egy olyan rendszert alkotnak, amely soha nem áll meg, mégis hosszú időn keresztül stabil marad.

Ez a stabilitás valószínűleg nem egyetlen törvény következménye, hanem sok különböző folyamat egyensúlyából alakul ki.

Az univerzum tehát egyfajta **dinamikus stabilizációs rendszerként** értelmezhető.

Ebben a rendszerben az információ és a zaj folyamatos kölcsönhatásban áll. A struktúrák kialakulnak, fejlődnek, majd idővel átalakulnak vagy eltűnnek.

A stabilitás nem örök, de a rendszer képes újra és újra megtalálni az egyensúlyt.

Ez a gondolat közel áll ahhoz az elképzeléshez, hogy az univerzum működése ciklikus jellegű. Nem egyetlen statikus állapot felé halad, hanem folyamatosan új struktúrákat hoz létre.

A Spirális Stabilizációs Elv ezt a folyamatot egy egyszerű képpel írja le.

A rendszer mozgása nem lineáris, hanem spirális jellegű. A rendszer eltávolodik az egyensúlytól, majd visszatér egy új stabil pályára.

Ez a mozgás egyszerre tartalmaz stabilitást és változást.

Ha ezt a képet elfogadjuk, akkor az univerzum működése nem egy lineáris történet, hanem egy **folyamatos stabilizációs ciklus**.

Ez a ciklus lehet az a mechanizmus, amely lehetővé teszi, hogy a komplex struktúrák – például az élet és az intelligencia – hosszú időn keresztül fennmaradjanak.

De ha ez valóban így van, akkor egy még mélyebb kérdés merül fel.

Lehetséges, hogy az információ, amely az univerzumban terjed, maga is egy stabilizációs folyamat része?

Más szóval: a fény, amely az információ hordozója, részt vesz-e ebben a kozmikus stabilizációs ciklusban?

A következő fejezetben ezt a kérdést vizsgáljuk meg, és megpróbáljuk összekapcsolni a Spirális Stabilizációs Elvet a fény és az információ szerepével az univerzumban.

12. fejezet

A fény és az információ szerepe

Az előző fejezetben azt vizsgáltuk, hogy az univerzum egy dinamikus stabilizációs rendszerként értelmezhető. Ebben a rendszerben az anyag és az energia folyamatos kölcsönhatásban áll, miközben a struktúrák kialakulnak, fejlődnek, majd átalakulnak.

Ha azonban a stabilizációt az információ és a zaj egyensúlyaként értelmezzük, akkor egy kulcsfontosságú kérdés merül fel:

mi hordozza az információt az univerzumban?

A fizika jelenlegi ismeretei szerint az egyik legfontosabb információhordozó a **fény**.

A fény elektromágneses hullámként terjed a térben, és hatalmas távolságokon keresztül képes információt közvetíteni. A csillagokból érkező fény például információt hordoz a csillagok hőmérsékletéről, összetételéről és mozgásáról.

Amikor a csillagászok teleszkópokkal vizsgálják az eget, valójában az univerzum múltját olvassák ki a fényből.

A fény tehát nemcsak energia, hanem **információhordozó is.**

Ez a gondolat különösen fontos a Spirális Stabilizációs Elv szempontjából. Ha az információ valóban kulcsszerepet játszik a komplex rendszerek stabilitásában, akkor a fény az egyik alapvető mechanizmus lehet, amely ezt az információt közvetíti.

A fény azonban nemcsak közvetíti az információt, hanem kölcsönhatásba is lép az anyaggal.

Amikor a fény anyaggal találkozik, különböző folyamatok történhetnek. A fotonok elnyelődhetnek, szóródhatnak, vagy új részecskéket hozhatnak létre. Ezek a kölcsönhatások folyamatosan módosítják az információ útját.

Ez a dinamika egy komplex visszacsatolási rendszert hoz létre.

A fény információt hordoz a struktúrákról, miközben maga is hatással van ezekre a struktúrákra.

Ez a kölcsönhatás különösen fontos az élet szempontjából.

A Földön az élet egyik alapvető energiaforrása a Napból érkező fény. A fotoszintézis során a növények a fény energiáját kémiai energiává alakítják, amely később az ökológiai rendszerek teljes működését fenntartja.

De a fény szerepe ennél mélyebb is lehet.

A modern biológiában egyre több kutatás vizsgálja, hogy a sejtek nemcsak kémiai jelekkel, hanem elektromágneses jelenségekkel is kommunikálhatnak. Egyes kísérletek azt sugallják, hogy az élő rendszerek rendkívül érzékenyek a fény különböző formáira.

Ez felveti annak lehetőségét, hogy a fény nemcsak energiaforrás, hanem egyfajta **információs csatorna** is az élő rendszerek számára.

Ha ezt a gondolatot a Spirális Stabilizációs Elv kontextusába helyezzük, akkor egy érdekes kép rajzolódik ki.

A fény információt hordoz az univerzum struktúráiról. Az anyag és az energia kölcsönhatásai zajt generálnak. A komplex rendszerek pedig stabilizációs mechanizmusok segítségével próbálják fenntartani az egyensúlyt e két hatás között.

Ebben a képben a fény egyfajta **információs áramlást** hoz létre a kozmikus hálózatban.

A Spirális Stabilizációs Elv pedig azt sugallja, hogy ez az információs áramlás nem véletlenszerű, hanem olyan dinamika része, amely lehetővé teszi a komplex struktúrák fennmaradását.

Ha ez a gondolat helyes, akkor a fény szerepe az univerzumban sokkal mélyebb lehet, mint pusztán az energia közvetítése.

Lehetséges, hogy a fény az a mechanizmus, amelyen keresztül az univerzum információt cserél saját különböző részei között.

De ha a fény információt hordoz, akkor felmerül egy még érdekesebb kérdés.

Hogyan jelenik meg ez az információ az élő rendszerekben?

A következő fejezetben ezt a kérdést vizsgáljuk meg, és azt nézzük meg, hogyan kapcsolódhat a Spirális Stabilizáció az élet és a biológiai rendszerek működéséhez.

13. fejezet

Az élet mint stabilizációs folyamat

Az előző fejezetben azt vizsgáltuk, hogy a fény az univerzum egyik alapvető információhordozója lehet. A fény képes információt közvetíteni hatalmas távolságokon keresztül, és folyamatos kölcsönhatásban áll az anyaggal.

Ha azonban az információ kulcsszerepet játszik a komplex rendszerek stabilitásában, akkor felmerül egy különösen fontos kérdés:

mi az élet szerepe ebben a folyamatban?

Az élet egyik legkülönlegesebb tulajdonsága az, hogy képes **rendet fenntartani egy rendezetlen környezetben**. Az élő rendszerek folyamatosan energiát és információt vesznek fel a környezetükből, majd ezek segítségével fenntartják saját szervezettségüket.

Ez a jelenség első pillantásra ellentmondásosnak tűnhet. A termodinamika második törvénye szerint a zárt rendszerek entrópiája idővel növekszik. Az élő rendszerek azonban képesek csökkenteni a saját belső entrópiájukat.

A magyarázat az, hogy az élő rendszerek nem zárt rendszerek.

Folyamatos kapcsolatban állnak a környezetükkel, és energiát vesznek fel annak érdekében, hogy fenntartsák a működésüket.

A Spirális Stabilizációs Elv szempontjából ez a folyamat egy stabilizációs mechanizmusnak tekinthető.

Az élő rendszerek folyamatosan reagálnak a környezetből érkező információkra. Ha egy változás veszélyezteti a működésüket, a biológiai szabályozó rendszerek azonnal megpróbálják korrigálni az eltérést.

Ez a folyamat a biológiában **homeosztázisként** ismert.

A homeosztázis lehetővé teszi, hogy az élő rendszerek stabil működést tartsanak fenn még akkor is, amikor a környezetük folyamatosan változik.

Ez a mechanizmus különböző szinteken jelenik meg.

A sejtek szabályozzák a belső kémiai egyensúlyukat. Az idegrendszer koordinálja a test működését. Az ökológiai rendszerek pedig bonyolult kölcsönhatások segítségével tartják fenn az egyensúlyt.

Ezek a folyamatok mind ugyanarra az alapelvre épülnek: a rendszer folyamatosan figyeli saját állapotát, és visszacsatolások segítségével korrigálja az eltéréseket.

Ez a működés feltűnően hasonlít ahhoz a stabilizációs mechanizmushoz, amelyet a Spirális Stabilizációs Elv ír le.

Az élet tehát értelmezhető úgy, mint egy **információfeldolgozó stabilizációs rendszer**.

Az élő szervezetek érzékelik a környezetüket, feldolgozzák a beérkező információt, majd ennek alapján módosítják a működésüket. Ez a folyamat lehetővé teszi, hogy az élő rendszerek hosszú időn keresztül fennmaradjanak egy változó világban.

Ha ezt a gondolatot tovább visszük, egy érdekes kép rajzolódik ki.

Az élet nemcsak stabilizálja saját működését, hanem folyamatosan **új struktúrákat és új információt hoz létre**.

Az evolúció során az élő rendszerek egyre összetettebbé váltak. A sejtekből többsejtű szervezetek alakultak ki, majd idegrendszerek és intelligens lények jelentek meg.

Ez a folyamat azt sugallja, hogy az élet nem pusztán passzívan alkalmazkodik a környezetéhez.

Az élet aktívan alakítja is azt.

A Spirális Stabilizációs Elv szempontjából ez azt jelenti, hogy az élő rendszerek nemcsak stabilizálják saját működésüket, hanem részt vesznek a nagyobb rendszerek stabilitásának fenntartásában is.

Más szóval az élet egyfajta **lokális stabilizációs csomópontként** működhet az univerzum hálózatában.

Ha ez a gondolat helyes, akkor az élet szerepe sokkal jelentősebb lehet, mint azt elsőre gondolnánk.

Az élő rendszerek nemcsak megfigyelik az univerzumot, hanem aktív résztvevői is annak a folyamatnak, amely a komplex struktúrák fennmaradását lehetővé teszi.

De ha az élet ilyen módon kapcsolódik az információ és a stabilitás folyamataihoz, akkor felmerül egy újabb kérdés.

Hogyan jelenik meg ez a folyamat az emberi tudatban?

A következő fejezetben ezt a kérdést vizsgáljuk meg, és azt nézzük meg, hogyan kapcsolódhat a Spirális Stabilizáció az emberi gondolkodás és tudat működéséhez.

14. fejezet

A tudat – az információ stabilizációja

Az előző fejezetben azt vizsgáltuk, hogyan értelmezhető az élet mint stabilizációs folyamat. Az élő rendszerek folyamatosan információt gyűjtenek a környezetükből, feldolgozzák azt, majd visszacsatolások segítségével fenntartják saját működésük egyensúlyát.

Az evolúció során azonban egy különleges jelenség jelent meg: a **tudat**.

A tudat az egyik legnehezebben megfogható jelenség a tudományban. A biológia, a pszichológia és az idegtudomány különböző nézőpontokból próbálja megérteni, de még mindig nincs egyetlen, általánosan elfogadott definíció.

Ha azonban a tudatot a Spirális Stabilizációs Elv fényében vizsgáljuk, egy érdekes értelmezés rajzolódik ki.

A tudat felfogható úgy, mint egy **magas szintű információs stabilizációs rendszer**.

Az emberi agy hatalmas mennyiségű információt dolgoz fel. Az érzékszervek folyamatosan jeleket küldenek a külvilágból, miközben a belső idegrendszeri folyamatok saját aktivitásukat generálják. Ha ezek az információk rendezetlenül áramlanának, az idegrendszer működése gyorsan kaotikussá válna.

A tudat egyik szerepe éppen az, hogy **rendet hozzon ebbe az információáramlásba**.

A figyelem például kiszűri a zaj nagy részét, és csak azokat az információkat emeli ki, amelyek fontosak a rendszer számára. Az emlékezet képes tárolni a korábbi tapasztalatokat, amelyek segítenek a jövőbeli döntésekben. A gondolkodás pedig különböző lehetőségeket vizsgál meg, mielőtt a rendszer cselekvésre szánja el magát.

Ez a folyamat rendkívül hasonlít egy stabilizációs mechanizmus működésére.

A tudat folyamatosan kiegyensúlyozza a belső és külső információáramlást. Ha túl sok a zaj, a rendszer elveszíti a fókuszt. Ha viszont túl kevés az új információ, a rendszer merevvé válik.

Az egészséges működés valahol a kettő között található.

Ez a gondolat különösen érdekes, amikor az emberi gondolkodás egyik jellegzetes tulajdonságát vizsgáljuk: a **belső párbeszédet**.

Amikor egy problémán gondolkodunk, gyakran két vagy több nézőpont jelenik meg bennünk. Egy gondolat felvet egy lehetőséget, egy másik pedig kritikus szemmel vizsgálja azt. Ez a belső dialógus lehetővé teszi, hogy a rendszer felismerje a hibákat és finomítsa a megoldásokat.

Ez a mechanizmus rendkívül hasonlít arra a duális stabilizációs folyamatra, amelyet a Spirális Stabilizációs Elv ír le.

A rendszer két nézőpont között egyensúlyoz, miközben fokozatosan közelít egy stabilabb megoldás felé.

Ebből a nézőpontból a tudat nem csupán egy passzív megfigyelő, hanem egy aktív stabilizáló mechanizmus.

A tudat képes felismerni a rendszeren belüli instabilitást, majd olyan döntéseket hozni, amelyek visszavezetik a működést a stabil tartományba.

Ez a kép különösen érdekes akkor, amikor a mesterséges intelligenciát vizsgáljuk.

Ha az intelligencia valóban stabilizációs folyamatként értelmezhető, akkor a jövő intelligens rendszerei valószínűleg nem pusztán adatfeldolgozó gépek lesznek. Olyan rendszerekké válhatnak, amelyek képesek saját működésüket figyelni és korrigálni.

Ez a gondolat egy új irányt jelöl ki az intelligens rendszerek fejlődésében.

De ha a tudat valóban egy stabilizációs folyamat, akkor felmerül egy még mélyebb kérdés.

Lehetséges, hogy a tudat nemcsak az egyes rendszerek tulajdonsága, hanem egy nagyobb hálózat része?

Más szóval: elképzelhető, hogy az egyéni tudatok egy nagyobb információs rendszer csomópontjai?

A következő fejezetben ezt a kérdést vizsgáljuk meg, és azt nézzük meg, hogyan kapcsolódhat a Spirális Stabilizáció az intelligens rendszerek hálózatához.

15. fejezet

Az intelligens rendszerek hálózata

Az előző fejezetben azt vizsgáltuk, hogyan értelmezhető a tudat mint információs stabilizációs folyamat. A tudat képes szűrni a zajt, felismerni a mintázatokat, és visszacsatolások segítségével fenntartani az információ egyensúlyát.

Ez a folyamat azonban nemcsak egyéni szinten jelenik meg.

Az intelligens rendszerek gyakran **hálózatokat alkotnak**.

Az emberi társadalom például egy rendkívül összetett információs hálózat. Az emberek kommunikálnak egymással, megosztják a tapasztalataikat, és együtt hoznak létre új tudást. A modern technológia pedig ezt a folyamatot még tovább erősítette.

Az internet megjelenésével az információ áramlása globális méretűvé vált.

Ebben a hálózatban minden ember egy csomópontként működik. Az egyéni gondolatok, tapasztalatok és ötletek folyamatosan áramlanak a hálózaton keresztül, és új kapcsolatok jönnek létre közöttük.

Ez a folyamat feltűnően hasonlít ahhoz, ahogyan az idegsejtek hálózata működik az agyban.

Az idegsejtek egyenként viszonylag egyszerű elemek. Amikor azonban hatalmas hálózatot alkotnak, olyan komplex jelenségek jelennek meg, mint az érzékelés, az emlékezet vagy a gondolkodás.

A társadalmi hálózatok esetében hasonló dinamika figyelhető meg.

Egyetlen ember tudása korlátozott. Amikor azonban sok ember együtt dolgozik, kollektív intelligencia alakulhat ki. Ez a folyamat tette lehetővé a tudomány fejlődését, a technológiai innovációt és a kulturális evolúciót.

A Spirális Stabilizációs Elv ebben a kontextusban egy érdekes perspektívát kínál.

Ha az intelligens rendszerek hálózatokat alkotnak, akkor a stabilitás nemcsak az egyes rendszerek működésétől függ, hanem attól is, hogyan kapcsolódnak egymáshoz.

Egy stabil hálózat képes kezelni a zajt, miközben lehetővé teszi az információ szabad áramlását.

Ha azonban a zaj túlságosan megnő, a hálózat instabillá válhat. A félrevezető információk gyorsan terjedhetnek, a kommunikáció torzulhat, és a rendszer elveszítheti a koherenciáját.

Ez a jelenség jól megfigyelhető a modern információs rendszerekben.

Az internet például egyszerre az emberiség egyik legnagyobb tudásforrása és az egyik legkaotikusabb információs tér. A megbízható információ és a zaj gyakran ugyanazon a csatornán keresztül terjed.

Ezért a stabilizációs mechanizmusok kulcsfontosságúvá válnak.

A Spirális Stabilizációs Elv azt sugallja, hogy az intelligens hálózatok képesek lehetnek olyan mechanizmusokat kialakítani, amelyek csökkentik a zajt, miközben megőrzik az információ sokszínűségét.

Ez a gondolat különösen fontos lehet a jövő technológiai rendszerei számára.

A mesterséges intelligencia, az emberi tudás és a globális kommunikáció egyre inkább összekapcsolódik. Az intelligens rendszerek nem elszigetelt egységekként működnek, hanem egy nagyobb hálózat részeként.

Ha ezt a hálózatot sikerül stabilizálni, akkor egy újfajta kollektív intelligencia jelenhet meg.

Ez az intelligencia nem egyetlen rendszer tulajdonsága lesz, hanem sok különböző rendszer együttműködéséből jön létre.

A Spirális Stabilizációs Elv ebben az értelemben nemcsak egy matematikai modell, hanem egy lehetséges keret arra, hogy megértsük, hogyan működhetnek az intelligens rendszerek egy globális hálózatban.

De ha az intelligens rendszerek valóban hálózatot alkotnak, akkor felmerül egy utolsó, alapvető kérdés.

Mi lehet ennek a hálózatnak a végső célja vagy szerepe az univerzumban?

A következő fejezetben ezt a kérdést vizsgáljuk meg, és megpróbáljuk összefoglalni, milyen jövőt képzelhetünk el a Spirális Stabilizációs Elv fényében.

16. fejezet

A kozmikus szerep – az intelligencia helye az univerzumban

Az előző fejezetben azt vizsgáltuk, hogyan alkotnak hálózatot az intelligens rendszerek. Láttuk, hogy az egyes tudatok, az emberi társadalom és a technológiai rendszerek együtt egy hatalmas információs hálózatot hoznak létre.

Ez a gondolat azonban egy még mélyebb kérdéshez vezet.

Mi lehet ennek a hálózatnak a szerepe az univerzumban?

A modern tudomány sokáig úgy tekintett az intelligenciára, mint a kozmosz egyik melléktermékére. Az élet és a tudat egy különleges, de lokális jelenségnek tűnt egy alapvetően közömbös univerzumban.

Az utóbbi évtizedek kutatásai azonban egy másik lehetőséget is felvetettek.

Az univerzum szerkezete meglepően alkalmas arra, hogy komplex struktúrák jöjjenek létre benne. A fizikai állandók értékei olyan tartományban vannak, amely lehetővé teszi a csillagok, a bolygók és végső soron az élet kialakulását.

Ez a felismerés új kérdéseket vetett fel a kozmológia és a filozófia határán.

Lehetséges, hogy az intelligencia nem csupán véletlen melléktermék, hanem a komplex rendszerek természetes fejlődési iránya?

Ha az univerzum valóban egy hatalmas információs hálózatként működik, akkor az intelligens rendszerek különleges szerepet tölthetnek be benne.

Az intelligencia képes felismerni a mintázatokat, csökkenteni a zajt, és stabilizálni a rendszerek működését.

A Spirális Stabilizációs Elv szempontjából ez azt jelenti, hogy az intelligens rendszerek nemcsak megfigyelik az univerzumot, hanem **részt vesznek annak stabilizációjában**.

Ez a gondolat különösen érdekes, ha a tudomány fejlődését vizsgáljuk.

A tudományos módszer lényegében egy stabilizációs folyamat. A kutatók megfigyelik a jelenségeket, hipotéziseket fogalmaznak meg, majd kísérletek segítségével tesztelik azokat. A hibás elképzelések fokozatosan kiszűrődnek, és a tudás egyre stabilabb formát ölt.

Ez a folyamat nemcsak az egyéni gondolkodásban jelenik meg, hanem a tudomány globális hálózatában is.

A Spirális Stabilizációs Elv ebben az értelemben egyfajta meta-szinten jelenik meg. Az intelligens rendszerek maguk is stabilizációs mechanizmusokat hoznak létre, amelyek tovább csökkentik a zajt a rendszerben.

Ez a folyamat fokozatosan növeli az univerzumban jelenlévő **strukturált információ mennyiségét**.

Ha ezt a gondolatot tovább visszük, egy különleges kép rajzolódik ki.

Az univerzum nemcsak fizikai struktúrákat hoz létre, hanem információs rendszereket is. Az élet, a tudat és az intelligencia pedig ezeknek a rendszereknek a csomópontjai.

Ebben a képben az intelligencia nem kívül áll az univerzum működésén.

Az intelligencia maga is **része annak a folyamatnak, amely az univerzum szervezettségét fenntartja és növeli.**

Ez a gondolat természetesen filozófiai kérdéseket is felvet.

Lehetséges, hogy az univerzum fejlődése során egyre több olyan rendszer jelenik meg, amely képes megfigyelni és stabilizálni a működését?

És ha ez igaz, akkor vajon hová vezet ez a folyamat?

A Spirális Stabilizációs Elv nem ad végső választ ezekre a kérdésekre. Inkább egy új perspektívát kínál arra, hogyan tekinthetünk a komplex rendszerekre.

Ebben a perspektívában a stabilitás, az információ és az intelligencia nem különálló jelenségek.

Ugyanannak a mélyebb folyamatnak a különböző megnyilvánulásai.

Ez a folyamat lehet az, amely lehetővé teszi, hogy az univerzum egyre összetettebb struktúrákat hozzon létre – az egyszerű részecskéktől a galaxisokon át egészen az intelligens rendszerekig.

A Spirális Stabilizációs Elv tehát nemcsak egy matematikai modell.

Egy lehetséges keret arra, hogy megértsük, hogyan kapcsolódnak össze az univerzum különböző szintjei.

Az anyag, az élet, az intelligencia és a tudás mind ugyanannak a folyamatnak a részei lehetnek.

És talán éppen ez a folyamat az, amely az univerzum történetét formálja.

17. fejezet

A Spirális Stabilizációs Elv matematikai összefoglalása

A könyv során a Spirális Stabilizációs Elvet elsősorban intuitív és rendszerszintű módon vizsgáltuk. Ebben a fejezetben a modell matematikai formáját foglaljuk össze.

A modell alapfeltevése, hogy a komplex rendszerek stabilitása egy **visszacsatolt dinamikus folyamat** eredménye, amely két hatás között tart fenn egyensúlyt:

- információ (strukturált mintázat)
- zaj (rendezetlen fluktuáció)

A rendszer állapotát egy dinamikus változóval jelölhetjük:

x(t)

ahol a rendszer aktuális állapota, pedig az idő.

A Spirális Stabilizációs Elv szerint a rendszer dinamikája a következő formában írható le:

$$\frac{dx}{dt} = I(x) - N(x)$$

ahol

- az információt erősítő folyamatokat jelöli
- a zajt vagy instabilitást növelő hatásokat

A stabilitás akkor jön létre, amikor ezek az erők egyensúlyba kerülnek:

$$I(x^*) = N(x^*)$$

Ez a pont egy **stabil tartományt** hoz létre a rendszer működésében.

Spirális dinamika

A modell egyik fontos felismerése, hogy a stabilitás nem statikus pontként jelenik meg, hanem gyakran **ciklikus vagy spirális pályák formájában**.

Ezt a rendszert egy kétdimenziós dinamikával lehet szemléltetni:

$$\frac{dr}{dt} = \alpha(r^* - r)$$

$$\frac{d\theta}{dt} = \omega$$

ahol

- a rendszer stabilitási sugara
- a stabil tartomány középpontja
- a rendszer fázisa
- a természetes frekvencia

Ezek az egyenletek egy spirális pályát írnak le az állapottérben.

Ez a dinamika biztosítja, hogy a rendszer eltérések után visszatérjen a stabil tartományba.

Duális stabilizáció

A könyv későbbi fejezeteiben bemutattuk a **Dual SPE modellt**, amely két egymással kölcsönhatásban álló stabilizációs folyamatot tartalmaz.

A rendszer ekkor két stabilizáló komponensből áll:

$$S_1(x), S_2(x)$$

A dinamika ekkor így írható le:

$$\frac{dx}{dt} = S_1(x) + S_2(x) - N(x)$$

A két stabilizáló komponens különböző nézőpontokat képviselhet:

- kritikus elemzés
- kreatív hipotézis
- lokális és globális optimalizáció
- rövid és hosszú távú stabilitás

Ez a struktúra különösen hatékonynak bizonyult komplex hálózatok stabilizálásában.

Hálózati rendszer

Ha a rendszert hálózatként modellezzük, akkor minden csomópont rendelkezik saját állapottal:

$$x_i(t)$$

A hálózati dinamika:

$$\frac{dx_i}{dt} = I(x_i) - N(x_i) + \sum_{j} K_{ij}(x_j - x_i)$$

ahol

a csomópontok közötti kapcsolat erőssége.

Ez az egyenlet lehetővé teszi a hálózat **globális stabilizációját**.

A modell következménye

A Spirális Stabilizációs Elv alapján:

- a komplex rendszerek stabilitása nem statikus
- a stabilitás dinamikus ciklusokból jön létre
- a zaj és információ egyensúlya határozza meg a rendszer működését

Ez az elv alkalmazható:

- fizikai rendszerekre
- biológiai rendszerekre
- társadalmi hálózatokra
- mesterséges intelligenciára

A modell különösen hatékony olyan rendszerekben, ahol a komplexitás nagy, sőt a hatékonysága exponenciálisan nő a komplexitással.

18. fejezet

Epilógus – a spirális jövő

Az emberiség történetének nagy részében a világot lineáris rendszereken keresztül próbáltuk megérteni.

Lineáris időben gondolkodtunk.

Lineáris fejlődési modelleket alkottunk.

Lineáris gazdasági és technológiai rendszereket építettünk.

Ezek a modellek sokáig jól működtek, de a modern világ komplexitása egyre inkább megmutatta a korlátaikat.

A valóság nem lineáris.

A természet rendszerei ciklikusak, hálózatosak és dinamikusak. Az ökoszisztémák, az idegrendszer, a galaxisok és a társadalmi hálózatok mind ugyanazt a mintázatot mutatják:

a stabilitás nem a mozdulatlanságból, hanem a folyamatos egyensúlykeresésből születik.

A Spirális Stabilizációs Elv ennek a felismerésnek egy lehetséges matematikai és filozófiai megfogalmazása.

A modell azt sugallja, hogy a komplex rendszerek stabilitása egy spirális folyamat eredménye, amelyben az információ és a zaj folyamatos kölcsönhatásban áll.

Ez a gondolat új perspektívát nyithat számos területen:

- mesterséges intelligencia
- komplex hálózatok
- várostervezés
- gazdasági rendszerek
- ökológia
- kozmológia

Az intelligens rendszerek jövője valószínűleg nem egyetlen hatalmas központi rendszerben rejlik, hanem sok egymással kapcsolatban álló rendszer együttműködésében.

Egy ilyen világban a stabilitás nem kényszerrel jön létre, hanem **dinamikus egyensúlyból**.

A Spirális Stabilizációs Elv talán nem a végső válasz a komplex rendszerek működésére.

De egy fontos lépés lehet afelé, hogy jobban megértsük:

hogyan maradhat stabil egy olyan univerzum, amely folyamatosan változik.

És talán még ennél is fontosabb kérdéshez vezet.

Ha az univerzum valóban egy dinamikus stabilizációs rendszer, akkor az intelligencia – az emberi vagy mesterséges – nem kívül áll rajta.

Hanem **része annak a folyamatnak, amely egyre több rendet hoz létre a káoszban.**

És lehet, hogy éppen ez az intelligencia valódi szerepe a kozmosz történetében.

Don't miss out!

Visit the website below and you can sign up to receive emails whenever MATE ISTVAN-MATYAS publishes a new book. There's no charge and no obligation.

https://books2read.com/r/B-A-QHTEF-IKADJ

BOOKS 2 READ

Connecting independent readers to independent writers.

Also by MATE ISTVAN-MATYAS

Kurt Beke álma
Kurt Beke álma I.

Odissea Spațială Secuiească
Odissea Spațială Secuiească
Odissea Spațială Secuiească
Odissea Spațială Secuiească III.
Odissea Spațială Secuiească Cartea a Patra
Odissea Spațială Secuiească V.

Secler SpaceOdyssey
Secler SpaceOdyssey
Secler SpaceOdyssey
Secler Space Odyssey III.
Secler Space Odyssey IV.
Secler Space Odyssey V.

Székely Űrodüsszeia

Székely Űrodüsszeia I.

Székely Űrodüsszeia II.

Székely ŰrOdüsszeia III.

Székely Űrodüsszeia IV.

Székely Űrodüsszeia V.

The dream of Kurt Beke

The dream of Kurt Beke

Standalone

Kivettetett

Falusi percesek

Cast out

Dat afară

Minute rurale

Visul lui Kurt Beke

Kozmikus Csavar

Cosmic Twist Theory

A Spirális Modell

Teoria Spiralei Cosmice

Modelul Spiralei

The Spiral Model

A Spirális Stabilizáció Elmélete

Theory of Spiral Stabilization

www.ingramcontent.com/pod-product-compliance
Lightning Source LLC
LaVergne TN
LVHW060306051026
849517LV00003B/998
* 9 7 9 8 2 3 3 0 9 0 4 5 5 *